少儿启蒙编程

漂亮的衣服

杜大国 董冰 张航◎著　一辉映画◎绘

 知识点 ZHI SHI DIAN　1. 选择结构
2. 三大结构综合运用

海豚出版社
DOLPHIN BOOKS
CICG 中国国际传播集团

前言
QIAN YAN

[本书内容]
BEN SHU NEI RONG

糖糖是一个漂亮的小女孩儿，这本书，通过糖糖挑选衣服和搭配鞋子的过程，教会了我们怎样做决策和解决问题。

[概　念]
GAI NIAN

选择结构是指到某个节点时，需要根据条件判断，有选择地决定走哪个分支。

[它能实现什么]
TA NENG SHI XIAN SHEN ME

它能帮助我们进行逻辑推理并理解不同条件之间的关系，将问题分解为多个条件。

[开卷有益]
KAI JUAN YOU YI

当你发现根据不同的条件会得出不同的结论时，你就可以根据实际情况来选择解决方案。当你养成独立思考的习惯时，就能更加灵活且有效地解决生活中的实际问题。

目录
MU LU

第一章

美美的派对邀请

生活中的选择

星期天是我的生日，请你来参加我的生日派对，好吗？

那天，我们都要打扮得像公主一样漂亮。

美美

人们在日常生活中，会遇到各种各样的问题，小到穿衣吃饭，大到人生规划。最近糖糖就遇到了一些问题，让我们一起看看她面临的困扰。

妈妈带糖糖来到商场，琳琅满目的商品让糖糖应接不暇，面对这么多好看的东西，糖糖一时不知道该怎么选了。

我知道啦！

美美喜欢什么颜色？
她喜欢书包吗？
她喜欢鞋子吗？
……
根据这些条件来挑选吧！

在生活中，我们要面临很多选择，比如，糖糖为美美选择什么样的生日礼物；喜欢的书是否要买回家；在路边看到一只可爱的小兔子，是否要和它玩儿一会儿……

美美的生日派对

【编程小词典】

选择结构

当我们面临选择的时候，需要根据已知的条件做出选择，在编程中也会依据条件不同、选择不同的运行结果，这就是选择结构，也叫分支结构。

S

生活中的选择结构

11

星期天很快就到了，一大早，糖糖就拽着妈妈来到衣帽间，开始挑选参加派对的衣服。她们打开衣柜，哇，糖糖的衣服真多呀，有漂亮的连衣裙、简约的运动服、帅气的卫衣和缤纷的T恤……

是很好看，但有点儿厚，今天温度高，穿上它会热的，我们带着它备用吧。

13

小朋友们，有没有发现，选择结构的流程图是有分支的，根据不同的条件，会有不同的结果。

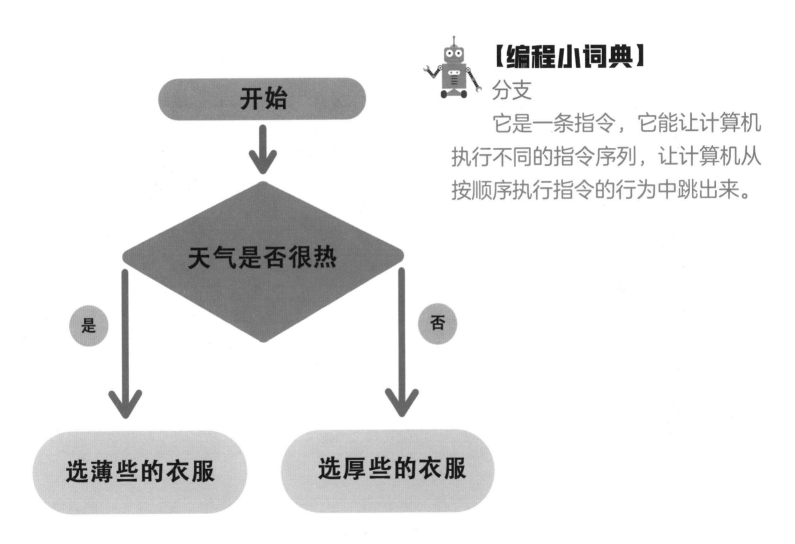

【编程小词典】

分支

它是一条指令，它能让计算机执行不同的指令序列，让计算机从按顺序执行指令的行为中跳出来。

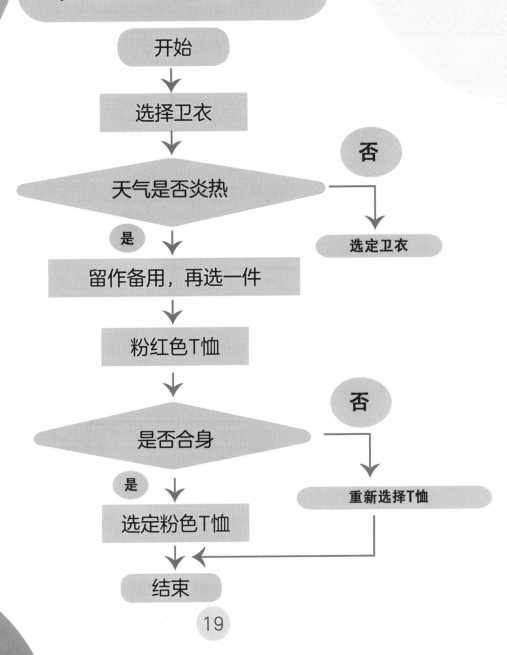

先选卫衣，再选T恤

开始

选择卫衣

天气是否炎热 — 否 → 选定卫衣

是

留作备用，再选一件

粉红色T恤

是否合身 — 否 → 重新选择T恤

是

选定粉色T恤

结束

糖糖打开另一扇衣柜门，衣柜里有各式各样的裤子，她选了一条蓝色的长裤。当她穿好了站在镜子前时，总觉得格子衬衫配蓝色裤子看上去怪怪的。

格子衬衫应该配一条跟它颜色搭配的裤子才好看。

糖糖选择了一件白色的短裤，哇，格子衬衫配白色短裤，给人眼前一亮的感觉。可糖糖还是不太满意，因为，她和美美约定，她们要打扮得像公主一样，而这身穿搭，多了几分帅气，却少了几分公主的柔美，妈妈看出了糖糖的失望。

糖糖打开衣柜，找出了几条裙子，湖蓝色的复古小旗袍、黑色的丝绒长裙、彩色的卡通短裙和白色的蕾丝公主裙。

就穿这件白色的公主裙吧。

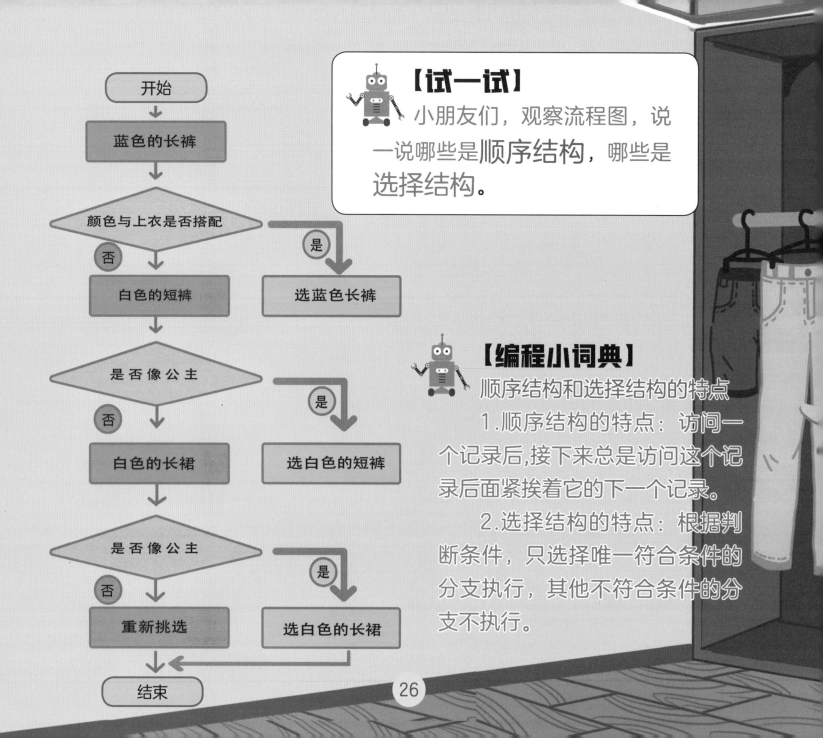

开始

蓝色的长裤

颜色与上衣是否搭配 —是→ 选蓝色长裤

否

白色的短裤

是否像公主 —是→ 选白色的短裤

否

白色的长裙

是否像公主 —是→ 选白色的长裙

否

重新挑选

结束

【试一试】
小朋友们，观察流程图，说一说哪些是顺序结构，哪些是选择结构。

【编程小词典】
顺序结构和选择结构的特点
1.顺序结构的特点：访问一个记录后,接下来总是访问这个记录后面紧挨着它的下一个记录。
2.选择结构的特点：根据判断条件，只选择唯一符合条件的分支执行，其他不符合条件的分支不执行。

接下来，我们还要为糖糖选一双鞋子来搭配她漂亮的公主裙。公主裙当然不能配运动鞋，于是糖糖选了一双红色小漆皮鞋，这双鞋搭配白色的公主裙真是太漂亮了，糖糖开心极了。妈妈温柔地看着糖糖，真是可爱的小公主啊！

糖糖在房间里走了几圈，只听"啪"的一声，脚背处的带子断了，她俯身一看，带子从鞋上掉了下来，这可怎么办呢？

派对就要开始了，来不及缝了，我们就换成那双小白鞋吧。

糖糖换上小白鞋，小白鞋的鞋带上镶了一颗大大的水钻，呼应着公主裙上的蕾丝，它们像盛开的花朵一样，努力衬托着糖糖的美丽。

哇，小白鞋比小红鞋还漂亮呢。

31

是什么原因让糖糖改变主意，选择穿白色皮鞋的呢？让我们画出糖糖选择鞋子的流程图吧。

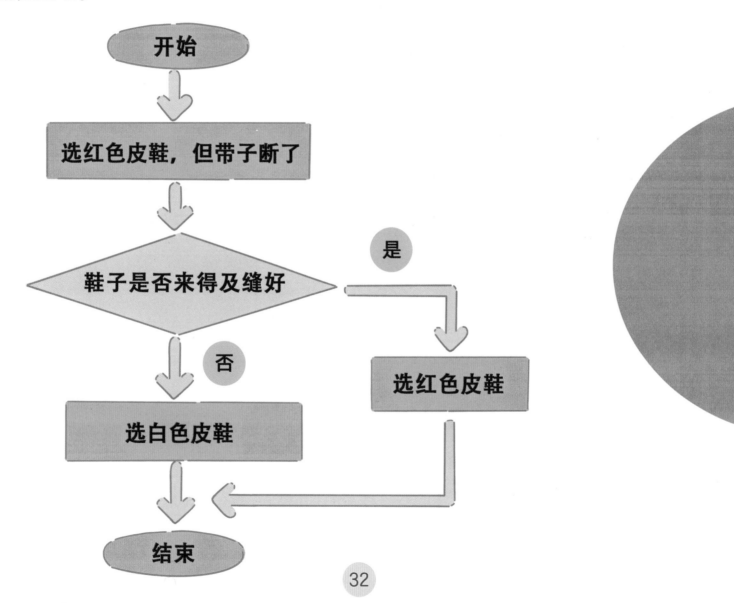

第四章

美美的生日派对

糖糖的小收获

33

妈妈带着糖糖来到美美家，美美今天也穿了一条漂亮的连衣裙，她的连衣裙是粉色的，也镶着好看的蕾丝花边，糖糖和美美站在一起，还真是一对漂亮的小公主，美美妈妈拿出手机，为她们拍照留念。

糖糖拿出准备好的生日礼物送给美美,并祝美美生日快乐。美美打开包装盒,看到了一个漂亮的蝴蝶结发卡,正好是粉色的,配她的粉色连衣裙真是太漂亮了。美美迫不及待地戴上发卡,她拉着糖糖欢快地跳起舞来。

37

美美带糖糖来到卧室，从抽屉里拿出一张少儿编程比赛获奖证书，证书金灿灿的，还带着它特有的墨香。

44

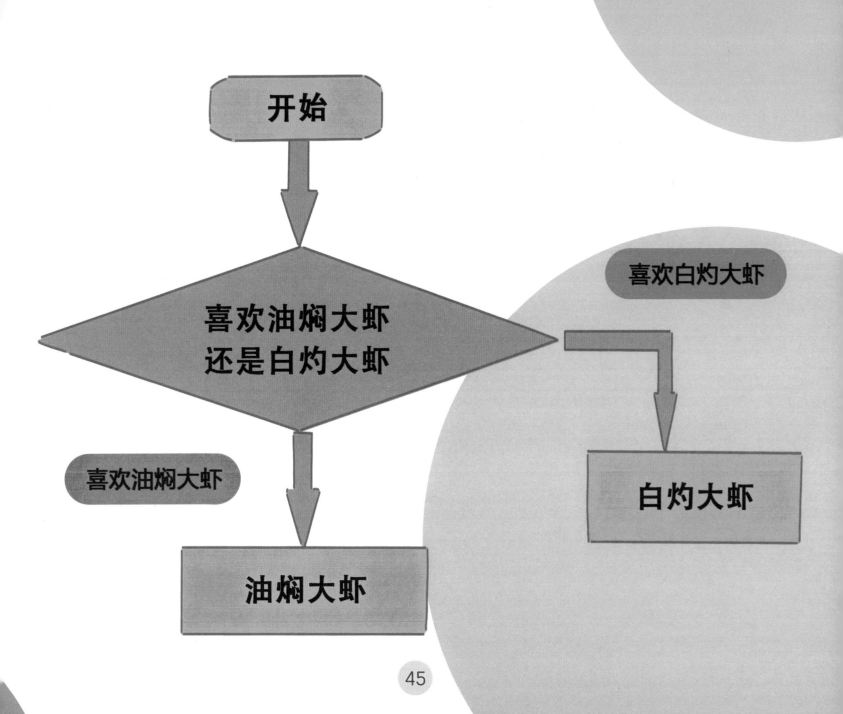

开始

喜欢油焖大虾
还是白灼大虾

喜欢油焖大虾

油焖大虾

喜欢白灼大虾

白灼大虾

说话的工夫，妈妈做好了一桌美食，大家围坐在桌前，一起唱起了生日歌。

根据不同条件做不同的事情，得出不同的结论，这在编程中属于选择结构。

第五章
感恩的心
顺序结构、选择结构、循环结构组合

感谢爸爸妈妈为我们精心准备的生日派对。

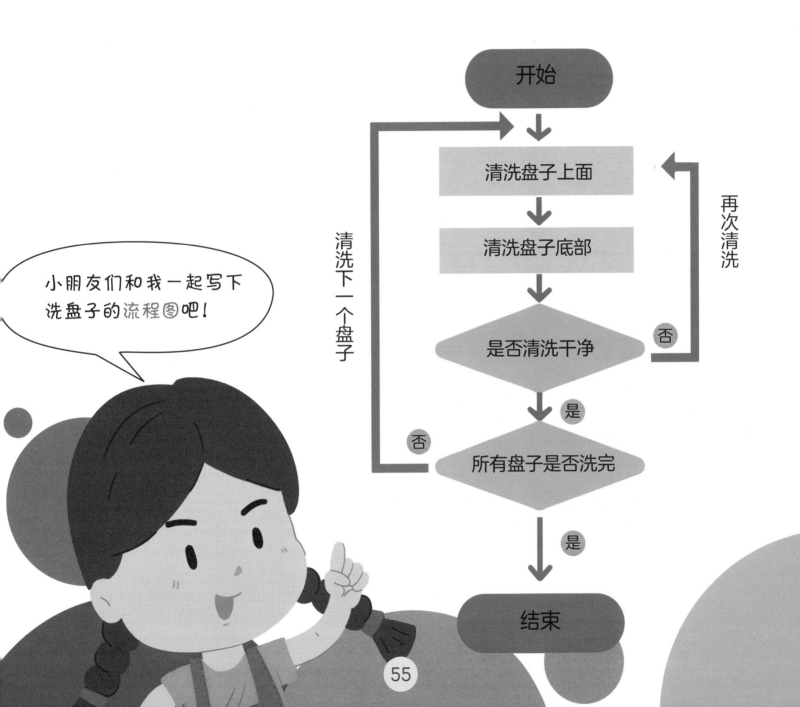

糖糖洗杯子的流程也是这样的，洗好所有的杯子后，她开始洗碗，流程和洗杯子是一样的。我们一起写下流程图吧。

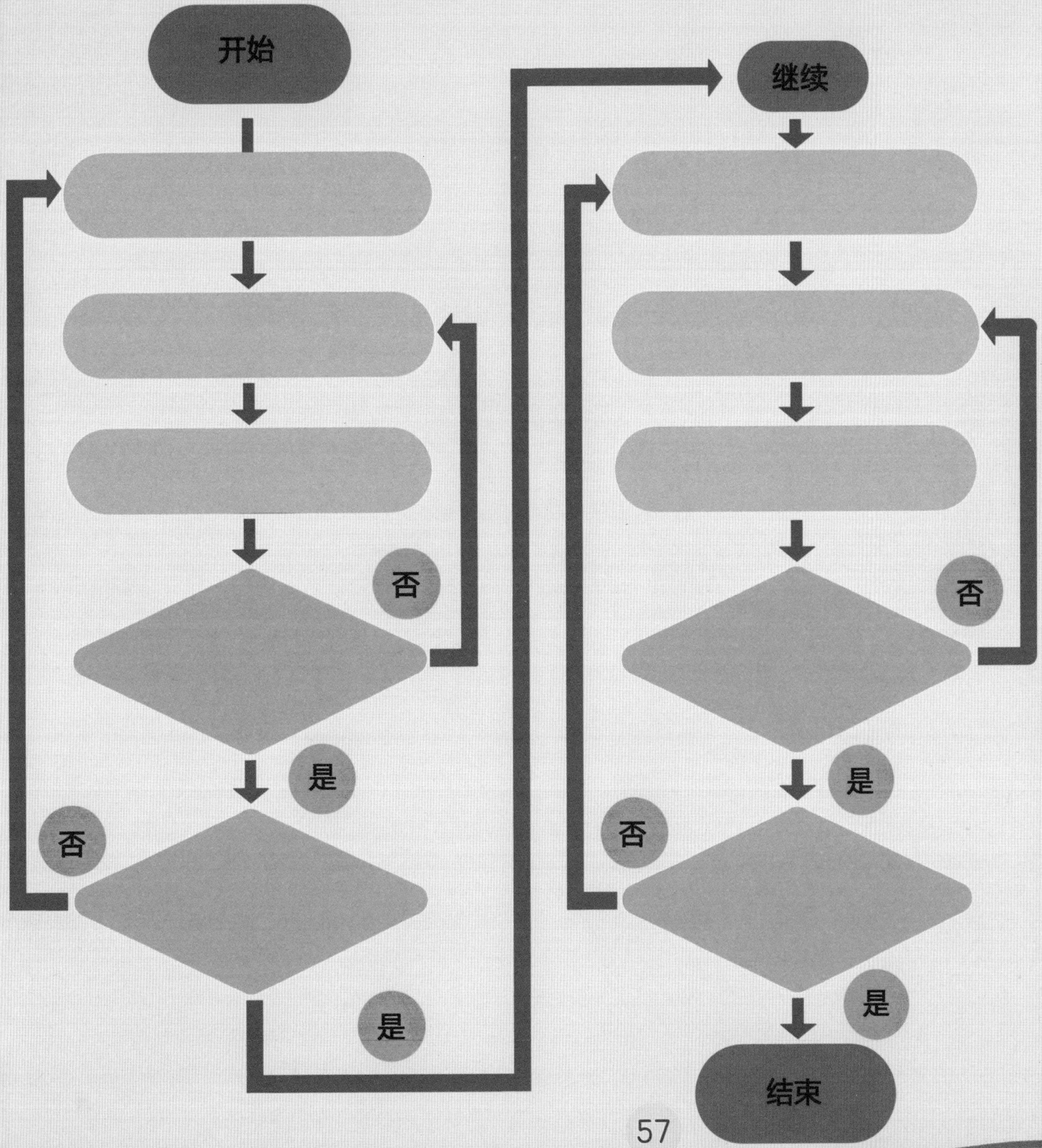

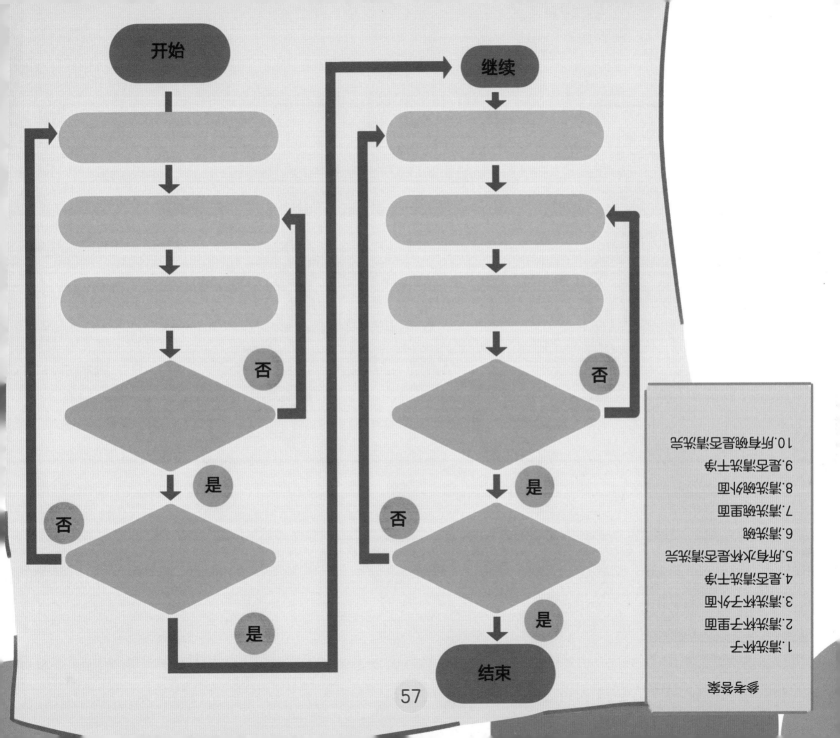

开始
否
是
否
是
继续
否
是
否
是
结束

参考答案

1.清洗杯子
2.清洗杯子里面
3.清洗杯子外面
4.是否清洗干净
5.所有水杯是否清洗完
6.清洗碗
7.清洗碗里面
8.清洗碗外面
9.是否清洗干净
10.所有碗是否清洗完

图书在版编目（CIP）数据

少儿启蒙编程 . 漂亮的衣服 / 杜大国 , 董冰 , 张航
著 ; 一辉映画绘 . –– 北京 : 海豚出版社 , 2024.4
　　ISBN 978-7-5110-6778-4

　　Ⅰ . ①少… Ⅱ . ①杜… ②董… ③张… ④一… Ⅲ .
①程序设计－儿童读物 Ⅳ . ① TP311.1-49

　　中国国家版本馆 CIP 数据核字 (2024) 第 051973 号

出　版　人：王　磊

责任编辑：王　梦
责任印制：于浩杰　蔡　丽
特约编辑：尹　磊
装帧设计：春浅浅
法律顾问：中咨律师事务所　殷斌律师
出　　版：海豚出版社
地　　址：北京市西城区百万庄大街 24 号
邮　　编：100037
电　　话：010-68996147（总编室）　010-68325006（销售）
传　　真：010-68996147
印　　刷：唐山玺鸣印务有限公司
经　　销：全国新华书店及各大网络书店
开　　本：12 开（710mm×1000mm）
印　　张：20（全 4 册）
字　　数：100 千（全 4 册）
印　　数：50000
版　　次：2024 年 4 月第 1 版　2024 年 4 月第 1 次印刷
标准书号：ISBN 978-7-5110-6778-4
定　　价：98.00 元（全 4 册）